U0388261

百姓百味

时尚
思慕雪与冰沙

车金佳◎主编

黑龙江科学技术出版社
HEILONGJIANG SCIENCE AND TECHNOLOGY PRESS

图书在版编目（CIP）数据

时尚思慕雪与冰沙 / 车金佳主编. -- 哈尔滨 : 黑龙江科学技术出版社, 2018.3
（百姓百味）
ISBN 978-7-5388-9509-4

Ⅰ.①时… Ⅱ.①车… Ⅲ.①饮料－冷冻食品－制作 Ⅳ.①TS277

中国版本图书馆CIP数据核字(2018)第014196号

时尚思慕雪与冰沙

SHISHANG SIMUXUE YU BINGSHA

主　　编　车金佳
责任编辑　侯文妍
摄影摄像　深圳市金版文化发展股份有限公司
策划编辑　深圳市金版文化发展股份有限公司
封面设计　深圳市金版文化发展股份有限公司
出　　版　黑龙江科学技术出版社
　　　　　地址：哈尔滨市南岗区公安街70-2号　邮编：150007
　　　　　电话：（0451）53642106　传真：（0451）53642143
　　　　　网址：www.lkcbs.cn
发　　行　全国新华书店
印　　刷　深圳市雅佳图印刷有限公司
开　　本　685 mm×920 mm　1/16
印　　张　13
字　　数　160千字
版　　次　2018年3月第1版
印　　次　2018年3月第1次印刷
书　　号　ISBN 978-7-5388-9509-4
定　　价　39.80元

目 录 Contents

Chapter 1

时尚健康思慕雪的制作

Chapter 2

时尚健康冰沙的制作

Chapter 3
经典水果思慕雪与冰沙

时尚健康思慕雪的制作

Chapter 1

快来一杯健康时尚的思慕雪吧

一、塑造苗条曼妙身材

很多蔬果都具有减脂、排毒、塑造完美体形的作用。所以经常将这些蔬果制成思慕雪饮用，能有效改善身心健康，最终收获苗条曼妙身材。

下面介绍一些具有减脂瘦身作用的蔬果。

猕猴桃

猕猴桃的维生素含量在所有水果中名列前茅，被誉为“水果之王”。猕猴桃属于营养和膳食纤维丰富的低脂肪食品，对美容、减肥、健身具有独特的功效。

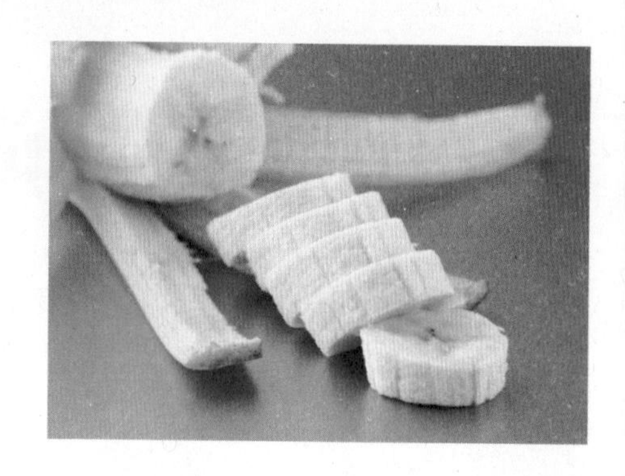

香蕉

香蕉是非常健康的减肥食物。“早间香蕉食谱”是目前日本最流行的一种减肥食谱。上午多吃香蕉能够帮助你成功瘦身。

草莓

草莓被称为减肥第一果，所含的维生素C和多酚物质非常丰富，在帮助人体养颜抗氧化、清除自由基的同时，还有利于铁的吸收。

胡萝卜

胡萝卜不仅有养血、补身的功用，更具有益肝明目、利膈宽肠、健脾除疳、增强免疫功能、降糖降脂的功效，是爱美女士减肥的好食材。

黄瓜

黄瓜不仅富含维生素C、胡萝卜素和钾，也含有抑制糖类物质转化成脂肪的丙醇二酸，能抑制糖类转变为脂肪，从而起到减肥的作用。

二、美颜护肤，打造洁白光泽肌肤

皮肤暗淡无光，很多时候是因为体内毒素排不出去所致，换句话说，就是便秘。

被便秘困扰的大多数人，都是因为摄入的食物纤维不足。食物纤维和水结合，可以帮助大家顺利排泄。野生黑猩猩一天大概可以摄取300克的食物纤维，这个量是我们摄取的20~30倍。

绿叶蔬菜中富含食物纤维，被称作“魔法海绵”。这块“辛勤劳动的海绵”将体内不需要的毒素一点一点吸收，然后通过排泄的方式排出体外。一旦食物纤维不足就会发生便秘。那么这些毒素在身体中发生了什么呢？如果毒素无法排出身体，可导致各脏腑组织细胞的功能障碍，气血失和，阴阳失衡，引发多种疾病，如便秘、痤疮、头痛、失眠、体重增加、色斑等。

无论是绿叶蔬菜或是水果，都包含了水分和食物纤维！只要你能坚持一天一杯思慕雪，就能帮你消除便秘，重拾光滑肌肤。

食物纤维在美容方面还有一个十分重要的作用。因为食物纤维是抗氧化物质，可以抑制身体氧化，所以大量摄入食物纤维能够使机体保持青春，起到抗衰老的作用。

三、帮助肠道消化，提高营养吸收率

想要食物充分消化吸收，需要两个条件：一是细嚼慢咽，二是能够分泌足够的胃酸。

第一，细嚼慢咽。

都说在吃饭的时候尽可能仔细咀嚼比较好，那么到底咀嚼得多充分才可以呢？想要食物被充分吸收，就必须要花时间将食物充分咀嚼，直到食物的形状完全消失为止。不过要花上几个小时慢慢咀嚼对于忙碌的我们来讲也是不可能的。因此，想要将食物咀嚼到形状完全消失的状态几乎是不可能的。思慕雪是通过搅拌机将食物打得顺滑又细腻，这对消化吸收来讲非常有帮助。

第二，能够分泌足够的胃酸。

在日常生活中很少有人会关注胃酸的问题，但这个问题却非常重要。然而实际的情况是，现代人大多数都存在胃酸不足的问题。如果胃酸不足，就会使好不容易吃下的食物不能在胃里得到充分吸收。

营养不足时，就算再怎么吃也满足不了身体的需求，这样就会造成暴饮暴食。相反，如果吸收能力提升，能够满足身体的需求，那么也就不会出现过食的现象。研究表明，持续饮用思慕雪能够改善胃酸的分泌，使身体功能趋于正常。

制作、饮用思慕雪的基本法则

制作的基本法则

不要加入盐、食用油、甜味剂、豆奶、市面上贩卖的果汁、粉末状青汁等。

一次不要添加太多种材料。配方尽可能简单，这样既好喝又不容易对消化造成负担。

要使用新鲜的绿叶蔬菜和水果，选择熟透了的水果最为理想。

一次制作出一天要喝的思慕雪，放在阴凉处或冰箱里，能保存一天。

不宜加入太多的绿叶蔬菜，以保证思慕雪的良好口感。

饮用的基本法则

尽可能每天都饮用思慕雪。

每个人的饮用量不同。虽说一杯已经足够，不过如果每天能饮用1升思慕雪，效果将更加明显。

不要在吃饭时喝，请单独饮用。如果想要吃其他的东西，请前后间隔40分钟以上。

不要像喝水和饮料那样一饮而尽，要花时间慢慢品味。在养成习惯之前，建议大家用勺子一口一口舀着喝。

调制思慕雪需要用到的工具

此处向大家介绍本书中思慕雪制作所需的工具。在正式开始调制思慕雪前，请先备齐以下工具。

榨汁机

榨汁机是调制果饮时最重要的工具。本书所有思慕雪的制作、果饮样品拍摄的图片中均使用专业榨汁机，不过能处理冰块和冷冻水果的家用榨汁机也可以。部分型号的榨汁机不可以处理冰块和冷冻水果，不适合用于调制本书介绍的果饮。

手动榨汁机

用于榨取橙子和柠檬等果饮。手动榨汁机分用于榨取柠檬和青柠果饮的小尺寸型号，还有用于榨取橙汁的大尺寸型号。使用时，先将水果切成片，放入滤网中，插入手柄用力挤压并旋转，可视水果软硬程度控制压榨的力度。

量杯

用于量取液体食材，准备一个有刻度、总量为 200 毫升左右的计量杯即可。

电子秤

用于称重量。本书中主要用于称取冷冻后的水果。

冷冻保鲜袋

封口带有拉锁的密封塑料保鲜袋。将准备用于制作思慕雪的水果切成适合的尺寸，装入保鲜袋中冷冻。

制冰盒

本书中用到的冰块和柠檬汁冰块需要用制冰盒来制作。

长柄汤匙

榨汁机在搅拌过程中没有充分拌匀水果和冰块时，长柄汤匙可用于帮助其搅拌均匀。尽量挑选柄部较长，匙头较小的汤匙，以便轻松插入刀片之间。

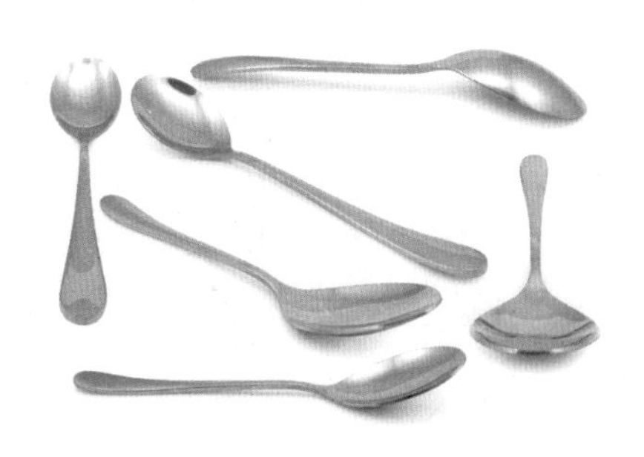

跟着这些步骤就可以调制思慕雪

所有思慕雪的调制方法均相似。在制作过程中，需要掌握一些小妙招，即可轻松制作出美味的思慕雪。

材料切块

将准备用于调制果饮的水果刮皮去籽后，切成可以一口食用的块状，切法因食材而异。

冷冻

将切好的水果装入保鲜袋中冷冻。装袋时将水果放平，避免重叠，用吸管吸出多余的空气后封口，以保证冷冻后可以轻松取出所需分量。充分冷冻可以保留水果本身的松软口感，请至少冷冻一个晚上。

用吸管排出空气：为了快速冷冻，保存美味，用吸管排出保鲜袋中的空气。将吸管插入保鲜袋的一侧，再将袋口封紧，从吸管中吸出空气，然后快速拔出吸管，密封袋口。这一技巧刚开始可能不太熟练，不过很快就能学会。

冷冻保存当季水果：待水果成熟，价格低的时候购买，切块后冷冻保存。随时可以取出所需分量，品尝新鲜果饮。

使用榨汁机搅拌

将冷冻后的水果和其他材料同时倒入榨汁机中，按下启动按钮即可！调制方法仅此而已！

用长柄汤匙拌匀

冰块和冷冻水果没有被彻底搅匀，榨汁机的刀片处于空转状态时，关掉电源，打开盖子，将汤匙插入刀片之间翻搅，再次盖上盖子，打开电源。重复几次上述步骤，果饮的口感自然会变得细腻绵密。

倒入玻璃杯中

材料变得松软润滑时，即榨取成功，用汤匙将榨汁机的果饮全部倒入玻璃杯中。可以将用于调制果饮的新鲜水果作为装饰配料，或者配上香草、坚果、水果干等。装饰果饮能帮助我们发现新的美味，而且可以使果饮的外表更加美观可爱。

用这些水果和蔬菜可以制作思慕雪

一年四季，各种应季水果可以让思慕雪的口味变化无穷。根据当天的心情将水果自由组合，探索出自己喜爱的混搭组合真是妙趣无穷。但在用水果调制思慕雪时需要注意以下几点。

● 请大家根据不同的季节，尽量选择新鲜的水果。材料的种类不要增加得过多，简单的品种比较容易持续下去，口味更佳，同时又不会给消化造成什么负担。

● 柑橘的种子很苦，所以请大家细心地清除干净。

● 如果不是特别在意口感，如苹果、梨、桃、猕猴桃等薄皮水果可以带皮制作思慕雪用。像香蕉和柑橘类这些皮比较厚的水果就需要将皮剥掉。

● 请大家务必使用成熟的水果。这样既能减轻消化的负担，又能增加甜度。

● 也可以使用冷冻水果和干燥水果。家中常备些冷冻和干燥水果就可以在新鲜水果不足的时候使用。

● 除了柑橘和苹果以外，其他水果基本上都可以连种子一起放进搅拌机。不过如果对口感有比较高的要求则需要剔除。像芒果和桃这样核很硬的品种就必须除去果核，只使用果肉部分。

一年之中我们能买到各种各样的蔬菜，有些比较适合调制思慕雪，且别有一番滋味。大家可以试着去挑选自己喜爱的蔬菜制成思慕雪。用蔬菜制作思慕雪时需要注意以下几点。

- 使用的绿叶蔬菜基本上一次一种。香草可以提升饮品的风味，因此有时候也可以加入多种蔬菜。使用的材料越少，消化的负担越小。

- 虽说都是生菜，不过跟偏白的卷心生菜相比，使用红叶生菜和绿叶生菜效果更佳。深绿色蔬菜里含有更丰富的叶绿素。

- 不要总是使用同一种绿叶蔬菜，尽量每天更换蔬菜的种类，进行多种尝试。因为在绿叶蔬菜中含有一种叫作生物碱的微量毒素。为了防止生物碱在体内堆积，应避免持续使用同一种蔬菜。而且食用各种各样的蔬菜能摄取不同的营养素。

- 由于水果和淀粉类蔬菜一起食用会阻碍消化，所以在思慕雪中一般不使用根茎菜等淀粉类蔬菜。还有在绿叶蔬菜中，像圆白菜、白菜、嫩茎菜花、羽衣甘蓝等蔬菜虽然茎是绿色的，但是却富含淀粉，我们要尽量避免使用这样的蔬菜（羽衣甘蓝可以将茎去掉，只使用叶的部分）。

时尚健康冰沙的制作

Chapter 2

制作冰沙的四个基本原则

冰沙是夏季的一种冰饮，是降暑佳品。它是由刨冰机刨碎的冰粒再加上作料而制成的，口感细腻、入口即化，深受人们的喜爱。

1.材料的挑选

决定冰沙味道的是水果和蔬菜，水果和蔬菜的挑选和搭配最为关键。搭配材料选好了，加上运用得当的处理方法，可以增加冰沙的美味。

2.使用应季的新鲜食材，选用成熟的水果

要选购水嫩的新鲜食材。同样的食材，季节和品种不同，味道也有差异。应季的食材味道鲜美、营养价值高，推荐选用。水果，推荐选用足够成熟的，这是使冰沙更加美味的要点。

3.可以增强甜味的天然食材

甜味不够可以添加蜂蜜、枫糖浆和干果，用量同样要逐步减少。干果要使用不含砂糖的，如果表面有油脂，可以用热水浸泡过后再使用。

4.水果控制在4种以内

蔬菜不可反复使用，水果使用1~2种即可，最多不要超过4种，否则很难消化。尽可能的不要反复使用同一种蔬菜，以避免绿色蔬菜中微量毒素在体内蓄积。

制作冰沙的基本原料

将冰块、水果、蔬菜等加入搅拌机中搅成碎末，就可制成冰沙。冰沙更多的是体现冰块的绵密口感和清凉感，当然，水果、牛奶等的曼妙味道也使冰沙的口感得以极大的提升。

1.水果

可选择当季产出的各种新鲜水果，使用前务必洗净并去皮，以免残留农药。

2.牛奶

适用于调和口味。

3.自制糖水

以650克细砂糖加上600毫升水煮沸即可，可一次多煮些，放入冰箱冷藏备用。

4.炼乳

把牛奶浓缩1.0~2.5倍，就成为无糖炼乳。一般商店出售的罐装炼乳，是经加热杀菌过的，但是开罐后容易腐坏，不能长期保存。

5.香料

包括肉桂（粉状或棒状）、可可粉、豆蔻粉、薄荷叶、丁香等，其中以肉桂和可可粉最为常用。

制作冰沙常用的蔬果

芒果

芒果富含维生素和矿物质，胡萝卜素含量也很高。大的芒果虽然果肉多，但往往不如小的芒果甜。

西瓜

西瓜含水量丰富，常吃能起到美白皮肤、预防黑斑的作用。选购时挑选果柄新鲜、表皮纹路扩散的，才是成熟度、甜度高的果实，用手拍会有清脆响声。西瓜未切开时，整个放常温保存，已切开的需放进冰箱冷藏。

苹果

苹果具有润肺、健胃消食、生津止渴、止泻、醒酒等功能。应尽量避免购买进口苹果，因为水果经过打蜡和长期储运，营养价值会显著降低。

牛油果

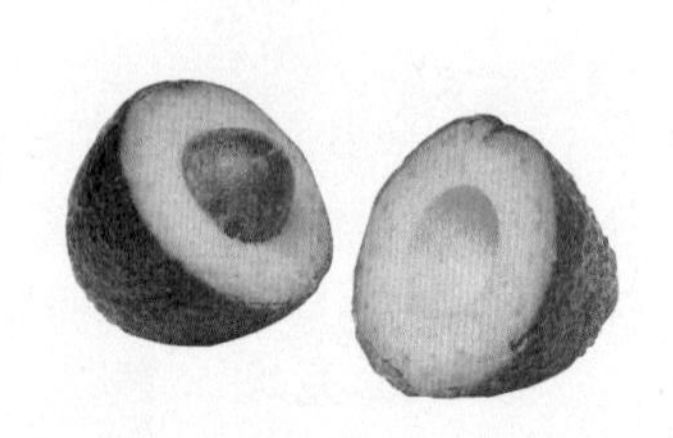

牛油果含蛋白质、脂肪，不含糖分，也不含淀粉，可预防老化、保证素食者的营养均衡。牛油果保存需要注意小心包装，不可碰撞擦伤，可以放 1 星期左右。

橙子

橙子含多种维生素和橙皮苷、柠檬酸等植物化合物，能和胃降逆、止呕。个头大的橙子皮一般会比较厚，捏着手感有弹性、略硬的橙子水分足、皮薄。

樱桃

樱桃富含维生素 A，能保护眼睛、增强免疫力。表皮无伤痕、梗颜色鲜绿、果实鲜红发亮的为佳品。可用塑料袋装起来，放入冰箱冷藏。

香蕉

香蕉含有丰富的钾、镁，其营养成分有清热、通便、解酒、降血压等作用。

柠檬

柠檬富含维生素 C，能化痰止咳、生津健胃。柠檬皮中含有丰富的挥发油和多种酸类，泡水时要尽量保留皮。

草莓

草莓含维生素 C、维生素 E、钾、叶酸等。蒂头叶片鲜绿，全果鲜红均匀、有细小绒毛、表面光亮、无损伤腐烂的草莓才是好草莓。

葡萄

葡萄含有丰富的有机酸和多酚类物质，有助消化、抗氧化、促进代谢等多种作用。不同品种的葡萄味道和颜色各不相同，但都以颗粒大且密的为佳。

猕猴桃

猕猴桃富含的营养成分有养颜、提高免疫力、抗衰老、消炎的功能。未成熟的猕猴桃可以和苹果放在一起，有催熟作用。

百香果

百香果中的高膳食纤维可促进排泄，清除肠道中的残留物质，减少患发便秘、痔疮的可能。选购时应注意果皮带有皱纹，颜色较深，果实大的即是良品。保存时置于室温通风处即可。

菠萝

菠萝富含膳食纤维、类胡萝卜素、有机酸等，有清暑解渴、消食止泻的作用。吃多了肉类及油腻食物后吃些菠萝，能帮助消化，减轻油腻感。

火龙果

火龙果所含维生素、膳食纤维和多糖类成分较多，这些成分有润肠通便、抗氧化、抗自由基、抗衰老的作用。火龙果的皮也含有丰富的活性成分，可以用小刀削去外层，保留内层和果肉食用。

雪梨

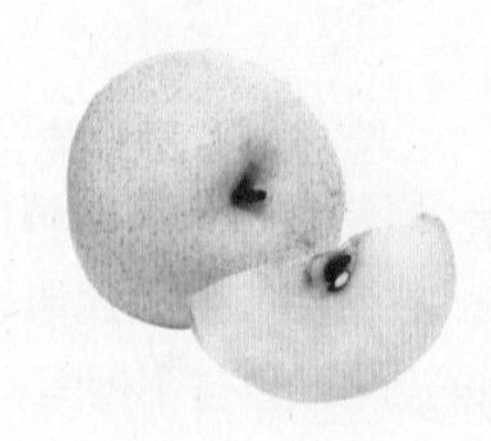

吃雪梨能止咳化痰、清热降火、养血生津、润肺去燥、镇静安神。选购时以果粒完整、无虫害、无压伤，手感坚实、水分足的为佳。

黄瓜

黄瓜具有除湿、利尿、降脂、镇痛、促消化的功效。选购黄瓜以外表新鲜，果皮有刺状凸起的为佳。

西红柿

西红柿富含多种维生素和番茄红素等，有利尿、健胃消食、清热生津的效果。挑选西红柿以个大、饱满、色红、紧实且无外伤的为佳，冷藏可保存 5~7 天。

南瓜

南瓜具有润肺益气、消炎止痛、降低血糖等功效。以形状整齐、瓜皮有油亮的斑纹、无虫害的为佳品。南瓜表皮干燥坚实，有瓜粉，能久放于阴凉处保存。

土豆

土豆中含有钾，能够帮助体内的钠排出体外，更能保持血管弹性和消除高血压症状。应选择中等大小，体形圆润，没有皱痕与裂伤，有分量的。避免选购萌芽或带有绿皮的。土豆不要放进冰箱冷藏，可用纸巾包好放在常温下保存即可，但要保持干燥，以免发芽。

红薯

红薯含大量纤维素，能促进胃肠蠕动，预防便秘和直肠癌。应选择须根少，避免表面有凹凸坑洞，粗胖有重量，外皮颜色鲜明有光泽的。一般放到阴凉通风处保存即可。

制作冰沙常用的工具

若想在家中就能享受到天然自制冰沙，首先要做的就是准备好常用的器具。只有能够熟练使用它们，才能做出花式多样、清爽美味的时尚饮品。

1.计量工具

称重时使用，选择家用的能够精确测量到1克的厨房秤即可。

2.家庭用刨冰机

将方块冰或者整块冰打碎成冰沙用冰的机器。如果没有刨冰机，用搅拌机打碎冰块也可以，实在没有机器的话，用凿子凿也是可以的。图片为自动刨冰机。

3.搅拌碗

做冰淇淋或者融化巧克力时，装材料用的。碗的大小选择合适的即可。

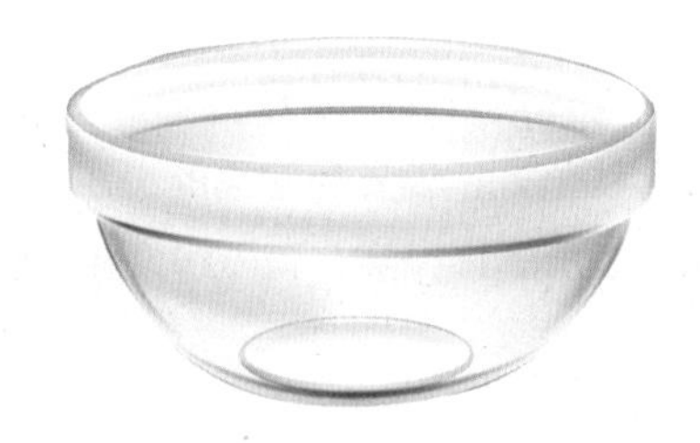

4.锅

煮红豆或者做炼乳液时使用的工具。用搪瓷材料或者不锈钢材料比较好，铝锅不耐酸容易被腐蚀。

5.过滤勺

制作各种冰沙酱时使用,使用这个工具能够更简便地去除煮水果时产生的泡沫。

6.挖冰器

需要挖出冰圆球时使用。挖红豆时也可以做出漂亮的形状。如果没有挖冰器，可以用量勺转圈舀，也可以做出同样的效果。1勺=45毫升。

7.铲子

硅胶铲能够铲干净奶油、果酱，木质铲子耐热性较好，在煮东西的时候用来搅匀各种材料。

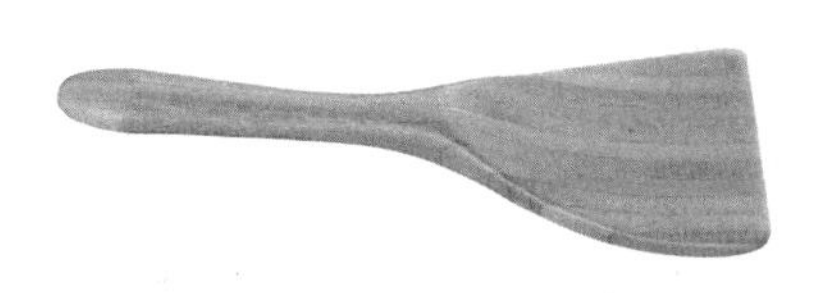

8.水果刀

当切小的材料时用小型的刀比较适合。特别是切水果蔬菜薄片时用此刀效果很好。选择握起来舒服的刀即可。

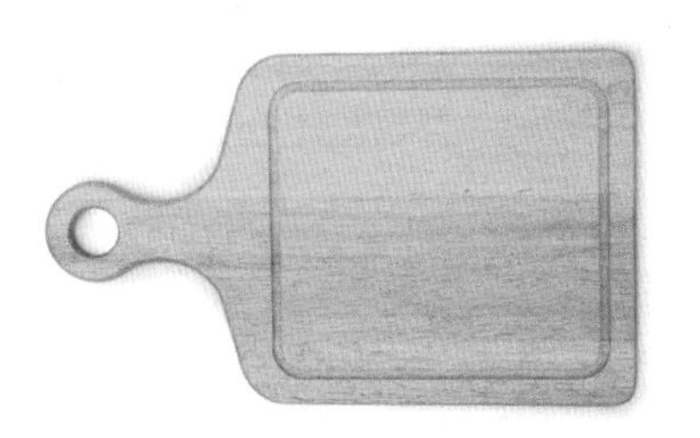

9.砧板

用来切蔬果。塑料质、木质的皆可。要注意砧板的卫生与清洁。

经典水果思慕雪与冰沙

Chapter 3

西瓜

西瓜为夏季水果，果肉味甜，能降温去暑，
有助于防止夏乏和抵抗紫外线。
西瓜不能久放，
如果想要用作调制果饮，买回来后应尽快冷冻处理。

营养功效

西瓜所含的糖和盐能利尿并能消除肾脏炎症，蛋白酶能把不溶性蛋白质转化为可溶的蛋白质，增加肾炎病人的营养。常饮新鲜的西瓜汁可以增加皮肤弹性，减少皱纹，增添光泽。

选购窍门

巧辨西瓜生熟：一手托西瓜，一手轻轻地拍打，或者用食指和中指进行弹打。成熟的西瓜，敲起来会发出比较沉闷的声音，不成熟的西瓜敲起来声脆。

西瓜蓝莓果饮

材料 冷冻西瓜70克
冷冻蓝莓40克
酸奶15毫升

做法

❶ 准备好榨汁机，倒入备好的冷冻西瓜。

❷ 再往里加入冷冻蓝莓，倒入酸奶。

❸ 打开榨汁机开关，将所有食材打碎，搅拌均匀。

❹ 将榨好的果饮倒入杯中，放上蓝莓装饰即可。

材料 西瓜120克
橙子60克
酸奶30毫升
牛奶20毫升

西瓜橙子奶昔

做法

❶ 将所有材料（部分西瓜切块留作装饰）倒入榨汁机中，搅拌均匀后倒入玻璃杯中。

❷ 放上切块的西瓜装饰即可。

超简西瓜冰沙

材料 西瓜1块
冰块适量

做法

❶ 西瓜去皮、子，切成小块。
❷ 把西瓜倒入冰沙机中，再倒入冰块，按下启动键将食材搅打成冰沙，倒入杯中即可。

西瓜碎冰沙

材料 西瓜150克
薄荷叶少许

做法

❶ 洗净的西瓜对半切开，去皮、籽，切成大块。

❷ 放冰箱冷冻10～12小时，做成西瓜冻。

❸ 取出后放入刨冰机中，按下启动键搅打成颗粒碎冰。

❹ 倒入杯中，点缀上薄荷叶即可。

牛油果

牛油果果肉所含营养成分与人体皮肤亲和性好，
极易被皮肤吸收，
对紫外线有较强的吸收性，
加之富含维生素 E 及胡萝卜素等，
因而具有良好的护肤、防晒与保健作用。

营养功效

牛油果素有“森林黄油”之美称，营养丰富、绿色健康。牛油果富含钾元素、维生素E、B族维生素和膳食纤维，同时还含有丰富的油酸和亚油酸，有助于降低人体胆固醇。可以将成熟的牛油果冷冻保存。

选购窍门

虽然牛油果的表皮是坑坑洼洼的，但是挑选的时候也要注意看表皮有没有破损。轻捏牛油果表面，有弹性的为最佳。如果捏进去没有弹出来，则说明放置过久。

牛油果红糖饮

材料 冷冻牛油果80克
冷冻香蕉50克
红糖20克
牛奶30毫升
酸奶50毫升

做法

❶ 准备好榨汁机，倒入冷冻牛油果、冷冻香蕉。

❷ 倒入红糖，再加入牛奶、酸奶。

❸ 打开榨汁机开关，将所有食材打碎，搅拌均匀。

❹ 将榨取好的果饮倒入杯中即可。

牛油果香蕉饮

材料 冷冻牛油果100克
冷冻香蕉50克
燕麦20克
酸奶50毫升
柠檬汁10毫升

做法

❶ 准备好榨汁机，倒入冷冻牛油果、冷冻香蕉。

❷ 倒入燕麦，加入酸奶、柠檬汁。

❸ 打开榨汁机开关，将所有食材打碎，搅拌均匀。

❹ 将打好的果饮倒入杯中，用少许燕麦、牛油果粒点缀装饰即可。

材料 冷冻香蕉80克
冷冻牛油果80克
柠檬汁5毫升

牛油果健康果饮

做法

1. 备好榨汁机，倒入备好的冷冻香蕉。
2. 再倒入冷冻牛油果，加入柠檬汁。
3. 打开榨汁机开关，将食材打碎，搅拌均匀。
4. 将打好的牛油果香蕉健康果汁倒入杯中即可。

材料 牛油果1个
冰块适量
火龙果片少许

牛油果冰沙

做法

1. 洗净的牛油果去皮、核，切成块。
2. 把牛油果倒入冰沙机中，再倒入冰块。
3. 按下启动键将食材搅打成冰沙。
4. 将打好的冰沙倒入杯中，放上火龙果片即可。

草莓

草莓鲜美红嫩，果肉多汁，
酸甜可口，香味浓郁，
是水果中难得的色、香、味俱佳者，
因此常被人们誉为果中皇后。

营养功效

草莓的维生素C含量非常高。同时，草莓还含有丰富的膳食纤维，以及有助于预防水肿的钾元素。草莓所含的胡萝卜素是合成维生素A的重要物质，具有明目养肝的作用。

选购窍门

挑选草莓时，应选择色泽鲜亮、有光泽，结实、手感较硬者。太大的草莓不能买，过于水灵的草莓也不能买。尽量挑选表面光亮、有细小绒毛的草莓。

草莓奶昔

材料 冷冻草莓70克
冷冻香蕉22克
牛奶80毫升
柠檬汁5毫升

做法

❶ 准备好榨汁机，倒入备好的冷冻香蕉。

❷ 再倒入冷冻草莓。

❸ 加入牛奶、柠檬汁。

❹ 打开榨汁机开关，将所有食材打碎，搅拌均匀，装杯即可。

草莓蓝莓冰沙

材料 草莓4颗
蓝莓30克
酸奶50毫升
冰块适量
薄荷叶少许

做法

❶ 草莓洗净，去蒂，切成块；蓝莓洗净，对半切开。

❷ 把草莓、蓝莓和酸奶倒入冰沙机中，再倒入冰块。

❸ 按下启动键将食材搅打成冰沙。

❹ 将打好的冰沙倒入杯中，放上薄荷叶装饰即可。

草莓冰沙

材料 草莓120克
冰块适量

做法

❶ 将洗净的草莓去蒂，对半切开。

❷ 把草莓倒入冰沙机中，再倒入冰块。

❸ 按下启动键将食材搅打成冰沙。

❹ 将打好的冰沙倒入杯中，点缀上一半草莓即可。

材料 冷冻草莓200克
冷冻香蕉1根

草莓香蕉饮

做法

❶ 将所有材料倒入榨汁机中，搅拌均匀后倒入玻璃杯中。

❷ 用切好的草莓、薄荷叶装饰即可。

材料 草莓150克
炼乳35克
糖水、冰块各适量

草莓奶酪冰沙

做法

❶ 将草莓洗净，对半切开。
❷ 把草莓倒入冰沙机中，加入糖水、炼乳和冰块。
❸ 按启动键搅打成冰沙。
❹ 将打好的冰沙倒入杯中，再点缀上草莓即可。

香蕉草莓冰沙

材料 香蕉1根
草莓60克
冰块适量

做法

❶ 香蕉去皮，切成片；洗净的草莓去蒂，切成片。

❷ 把香蕉、草莓倒入冰沙机中。

❸ 倒入冰块，按启动键搅打成冰沙。

❹ 将榨取好的冰沙装入杯中即可。

猕猴桃

猕猴桃也称奇异果，果形一般为椭圆状，
早期外观呈绿褐色，成熟后呈红褐色，
表皮覆盖浓密绒毛，
其内是呈亮绿色的果肉和一排黑色或者红色的种子，
是一种品质鲜嫩、营养丰富、风味鲜美的水果。

营养功效

猕猴桃是含维生素C最多的水果，还含有丰富的维生素E、胡萝卜素和钾元素，此外还富含柠檬酸等有机酸，具有改善疲劳、预防贫血的功效。

选购窍门

挑选猕猴桃时，要购买颜色略深的那种，接近土黄色的外皮是日照充足的象征，甜味更足。此外，猕猴桃要挑整体软硬一致的，接蒂处周围颜色若是深色的，会更甜。

菠萝猕猴桃奶饮

材料 冷冻猕猴桃60克
冷冻菠萝50克
牛奶50毫升
酸奶50毫升
柠檬汁5毫升

做法

1. 备好榨汁机，倒入备好的冷冻猕猴桃。
2. 再倒入冷冻菠萝，加入牛奶、酸奶、柠檬汁。
3. 打开榨汁机开关，将食材打碎，搅拌均匀，装杯即可。

猕猴桃葡萄柚汁

材料 冷冻猕猴桃120克
冷冻葡萄柚40克
牛奶20毫升
酸奶10毫升
柠檬汁5毫升
薄荷叶少许

做法

❶ 将所有材料倒入榨汁机中。
❷ 搅拌均匀后倒入玻璃杯中，适当装饰上薄荷叶即可。

猕猴桃牛油果果饮

材料 冷冻猕猴桃120克
冷冻牛油果60克
牛奶60毫升
酸奶40毫升

做法

❶ 准备好榨汁机，倒入冷冻猕猴桃。

❷ 倒入冷冻的牛油果，加入牛奶、酸奶。

❸ 打开榨汁机开关，将所有食材打碎，搅拌均匀。

❹ 将打好的猕猴桃牛油果果饮倒入杯中即可。

材料 冷冻猕猴桃40克
冷冻苹果70克
牛奶70毫升
酸奶30毫升
柠檬汁5毫升

猕猴桃苹果美容果饮

做法

❶ 备好榨汁机，倒入备好的冷冻猕猴桃。
❷ 再倒入冷冻苹果，加入牛奶、酸奶、柠檬汁。
❸ 打开榨汁机开关，将食材打碎，搅拌均匀。
❹ 将打好的猕猴桃苹果美容果饮倒入杯中即可。

材料 猕猴桃1个
汽水10毫升
糖水5毫升
冰块适量

猕猴桃冰沙

做法

1. 洗净的猕猴桃去皮，切成块。
2. 把猕猴桃倒入冰沙机中，加入汽水、糖水、冰块。
3. 按下启动键将食材搅打成冰沙。
4. 将打好的冰沙倒入杯中，点缀上猕猴桃片即可。

香蕉猕猴桃酸奶冰沙

材料 香蕉1根
猕猴桃1个
绿葡萄30克
酸奶40毫升
冰块适量

做法

❶猕猴桃去皮，切成块；洗净的葡萄对半切开，去子；香蕉去皮切成段。

❷把香蕉、猕猴桃、绿葡萄、酸奶倒入冰沙机中。

❸再放入冰块，按下启动键将食材搅打成冰沙。

❹将打好的冰沙倒入杯中即可。

香蕉猕猴桃冰沙

材料 香蕉1根
猕猴桃1个
酸奶20毫升
蜂蜜10毫升
冰块、薄荷叶各适量

做法

❶ 将香蕉去皮，切成片；猕猴桃去皮去硬芯，切成小块。

❷ 备好冰沙机，倒入香蕉、猕猴桃，再加入酸奶、蜂蜜和冰块。

❸ 打开启动开关，选择转速为“3”，配合搅拌棒搅，打成冰沙。

❹ 将冰沙倒入杯中，用薄荷叶点缀即可。

材料 红薯1个
猕猴桃1个
牛奶30毫升
冰块适量
坚果碎少许

红薯猕猴桃冰沙

做法

❶ 洗净的红薯去皮，切成块；洗净的猕猴桃去皮，切成块。
❷ 把猕猴桃、红薯、牛奶倒入冰沙机中。
❸ 再倒入冰块，按启动键搅打成冰沙。
❹ 将打好的冰沙装入杯中，适当放上一些坚果碎增加口感即可。

香蕉

香蕉含有丰富的 B 族维生素、钾元素和膳食纤维，
营养均衡，
素有“奇迹水果”之称。
适合搭配所有水果，
可作主角也可作配角。
最好使用熟透的香蕉进行冷冻处理。

营养功效

香蕉中的钾元素能降低机体对钠盐的吸收，故其有降血压的作用；所含的纤维素可润肠通便，对于便秘、痔疮患者大有益处；含有的维生素C是天然的免疫强化剂，可抵抗各类感染。

选购窍门

香蕉成熟后表皮容易出现黑褐色斑点，这种香蕉最适合用于调制思慕雪。

如果过分成熟，容易变得滑溜，口感也随之变差。

香蕉牛奶汁

材料 冷冻香蕉100克
牛奶80毫升

做法

❶ 将冷冻香蕉和牛奶倒入榨汁机中。
❷ 搅拌均匀后倒入玻璃杯中即可。

材料 冷冻香蕉100克
冷冻草莓80克
红糖20克
酸奶50毫升
薄荷叶少许

香蕉草莓红糖饮

做法

❶ 备好榨汁机，倒入冷冻香蕉、草莓。

❷ 再倒入红糖，加入酸奶。

❸ 打开榨汁机开关，将食材打碎，搅拌均匀。

❹ 将打好的果饮倒入杯中，点缀上薄荷叶装饰好即可。

材料 冷冻香蕉100克
冷冻哈密瓜80克
冷冻沙梨40克
牛奶20毫升
椰奶20毫升

香蕉哈密瓜沙梨果饮

做法

❶ 备好榨汁机，倒入冷冻香蕉、沙梨、哈密瓜。加入牛奶、椰奶。
❷ 打开榨汁机开关，将食材打碎，搅拌均匀。
❸ 将打好的果饮倒入杯中，放入香蕉片点缀即可。

香蕉柳橙果饮

材料 冷冻香蕉50克
冷冻橙子60克
牛奶50毫升
酸奶50毫升
柠檬汁5毫升

做法

❶ 备好榨汁机，倒入冷冻香蕉。

❷ 再倒入冷冻橙子，加入牛奶、酸奶、柠檬汁。打开榨汁机开关，将食材打碎，搅拌均匀。

❸ 将新鲜橙子切成半月形，贴在杯壁，倒入榨好的果饮，适当装饰即可。

材料 香蕉3根
冰糖2克
冰块适量
薄荷叶少许

香蕉冰沙

做法

1. 洗净的香蕉去皮，切成圆片。
2. 把香蕉倒入冰沙机中，放入冰糖、冰块。
3. 按下启动键将食材搅打成冰沙。
4. 将打好的冰沙放入杯中，点缀上香蕉片、薄荷叶即可。

香蕉菠萝冰沙

材料 香蕉1根
菠萝半个
冰块适量

做法

❶ 香蕉去皮，切成块；菠萝去皮切成块。

❷ 把香蕉、菠萝倒入冰沙机中，再倒入冰块，按启动键搅打成冰沙；将打好的冰沙装入杯中即可。

芒果

芒果是很多女性朋友爱吃的水果，
其营养丰富，
可制成果汁、果酱、罐头，
也可用来腌渍，
做酸辣泡菜以及制成芒果奶粉、蜜饯等。

营养功效

芒果果实含芒果酮酸、异芒果醇酸等三醋酸和多酚类化合物，具有抗癌的药理作用。芒果汁还能增加胃肠蠕动，使粪便在结肠内停留时间缩短。

选购窍门

芒果以皮色黄橙均匀、表皮光滑、果蒂周围无黑点、触摸时感觉坚实而有肉质感的为佳。如果皮色青绿为未成熟的芒果；如果表皮及果蒂周围有黑点，则是已熟透的芒果，这两种芒果都不宜选择。

橙子芒果西瓜果饮

材料 冷冻橙子80克
冷冻芒果30克
冷冻西瓜50克
酸奶30毫升
薄荷叶少许

做法

❶备好榨汁机，倒入备好的冷冻芒果。

❷再倒入冷冻橙子、冷冻西瓜，加入酸奶。

❸打开榨汁机开关，将食材打碎，搅拌均匀。

❹将打好的橙子芒果西瓜饮倒入杯中，装饰好薄荷叶即可。

芒果酸奶蜂蜜奶昔

材料 芒果120克
牛奶10毫升
酸奶30毫升
蜂蜜3毫升

做法

❶ 将芒果果肉切小块。

❷ 将芒果果肉、牛奶、酸奶、蜂蜜倒入榨汁机中，搅拌均匀后倒入玻璃杯中即可。

芒果草莓冰沙

材料 芒果1个
草莓80克
冰块适量

做法

❶ 洗净的草莓去蒂，对半切开；芒果去皮切成块。

❷ 把草莓、芒果倒入冰沙机中，倒入冰块，按启动键搅打成冰沙，将打好的冰沙装入杯中即可。

芒果炼乳冰沙

材料 芒果1个
炼乳15克
冰块适量

做法

❶ 洗净的芒果去皮，切成丁。

❷ 把芒果倒入冰沙机中，再倒入炼乳、冰块，按启动键搅打成冰沙。

❸ 将打好的冰沙装入杯中即可。

芒果百香果冰沙

材料 芒果1个
百香果1个
酸奶50毫升
冰块适量

做法

❶ 将百香果切开口，用勺子取出果肉；芒果去皮，切成丁。
❷ 把芒果、百香果倒入冰沙机中。
❸ 倒入冰块，按启动键搅打成冰沙。
❹ 将打好的冰沙装入杯中，再淋上酸奶即可。

哈密瓜

哈密瓜有“瓜中之王”的美称，
其形态各异，风味独特，
有的带奶油味，有的含柠檬香，
但都味甘如蜜，奇香袭人。
事先将熟透的哈密瓜冷冻保存，
就能轻松调制绝品果饮。

营养功效

哈密瓜含有丰富的维生素C、胡萝卜素、钾元素和果胶，有助于调整肠胃、改善疲劳，还具有美容的功效。哈密瓜中含有丰富的抗氧化剂，能够有效增强细胞抗晒的能力，减少皮肤黑色素的形成。

选购窍门

挑选哈密瓜时，首先要闻一闻，一般有香味的，成熟度适中，适合选购。没有香味或香味淡的，是成熟度较差的。另外，用手摸一摸，如果瓜身坚实微软，这种瓜成熟度就比较适中，适合选购；如果太硬则表示不太熟；太软就是成熟过度。

哈密瓜芒果奶昔

材料 冷冻哈密瓜80克
冷冻芒果30克
牛奶80毫升

做法

❶备好榨汁机，倒入备好的冷冻芒果。

❷再倒入冷冻哈密瓜。

❸加入备好的牛奶。

❹打开榨汁机开关，将食材打碎，搅拌均匀，装杯即可。

材料 冷冻哈密瓜100克
冷冻香蕉50克
椰奶30毫升
酸奶50毫升
柠檬汁10毫升
薄荷叶少许

哈密瓜椰奶果饮

做法

❶ 备好榨汁机，倒入冷冻哈密瓜、冷冻香蕉。
❷ 加入椰奶、酸奶、柠檬汁。打开榨汁机开关，将食材打碎，搅拌均匀。
❸ 将打好的果饮倒入杯中，用薄荷叶点缀即可。

材料 哈密瓜80克
香蕉30克
牛奶80毫升
柠檬汁5毫升
蓝莓4颗
薄荷叶2片

哈密瓜香蕉果饮

做法

❶ 将哈密瓜、香蕉、牛奶、柠檬汁倒入榨汁机中。

❷ 搅拌均匀后倒入玻璃杯中，点缀上蓝莓、薄荷叶装饰即可。

什锦酸奶柠檬冰沙

材料 哈密瓜150克
南瓜圆子60克
西米露20克
酸奶100毫升
柠檬冰块适量

做法

❶洗净的哈密瓜去皮，切成块。

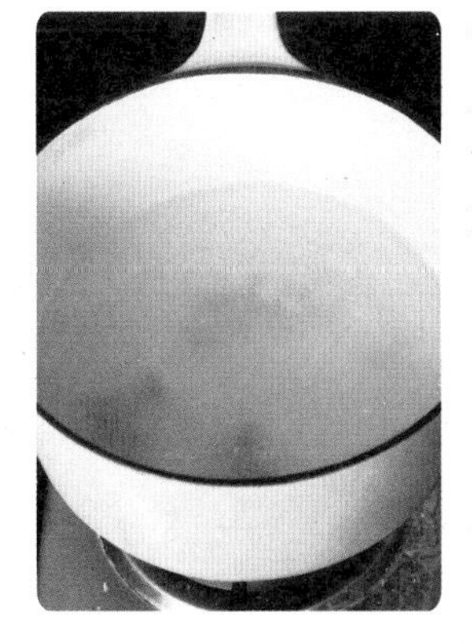

❷锅内水开后倒入南瓜圆子煮至全部浮起，捞起，过冷水捞起。

❸锅内重新换入水烧开后倒入西米露，煮10分钟，西米露晶莹剔透中间留有小白点，熄火盖上盖闷至全部晶莹剔透后用清水洗净。

❹把哈密瓜倒入冰沙机中，淋上酸奶，再倒入柠檬冰块，按启动键搅打成冰沙；将打好的冰沙倒入杯中，点缀上西米露、南瓜圆子即可。

木瓜

木瓜外形光滑美观，
果肉厚实细致、香气浓郁、汁多甜美，
有“水果之皇”的美称。
木爪不仅可以用作水果、蔬菜，
还有多种药用价值，
未成熟的番木瓜的乳汁，可提取番木瓜素，
是制造化妆品的上乘原料，具有美容增白的功效。

营养功效

现代医学发现，木瓜中含有一种酵素，能消化蛋白质，有利于人体对食物的消化和吸收，故有健脾消食的功效。此外，木瓜含有的木瓜酶、维生素C，对人体有抗衰老、美容护肤的功效。

选购窍门

挑选木瓜宜选择外观无瘀伤凹陷，果型以长椭圆形且尾端稍尖者为佳。

木瓜葡萄柚奶昔

材料 冷冻木瓜80克
冷冻葡萄柚50克
柠檬汁冰块3块
酸奶30毫升

做法

❶ 将所有的冷冻水果、柠檬汁冰块，以及酸奶倒入榨汁机中。
❷ 搅拌均匀后倒入玻璃杯中即可。

材料 冷冻木瓜100克
冷冻香蕉50克
百香果2个
酸奶30毫升
柠檬汁10毫升
薄荷叶少许

木瓜香蕉奶昔

做法

1. 备好榨汁机，倒入冷冻木瓜、冷冻香蕉。
2. 将百香果切开，倒入果肉和子，加入酸奶、柠檬汁。
3. 打开榨汁机开关，将食材打碎，搅拌均匀。
4. 将打好的果饮倒入杯中，用少许薄荷叶点缀装饰即可。

木瓜百香果芝麻果饮

材料 冷冻木瓜120克
百香果2个
牛奶30毫升
酸奶50毫升
柠檬汁10毫升
坚果碎少许

做法

❶备好榨汁机，倒入冷冻木瓜。

❷将百香果切开，倒入果肉和子，加入牛奶、酸奶和柠檬汁。

❸打开榨汁机开关，将食材打碎，搅拌均匀。

❹将打好的果饮倒入杯中，用少许坚果碎点缀即可。

木瓜橙子柠檬果饮

材料 冷冻木瓜80克
冷冻橙子50克
柠檬汁冰块2块
牛奶30毫升
酸奶50毫升

做法

❶备好榨汁机，倒入冷冻木瓜、冷冻橙子。

❷倒入柠檬汁冰块，加入牛奶、酸奶。

❸打开榨汁机开关，将食材打碎，搅拌均匀。

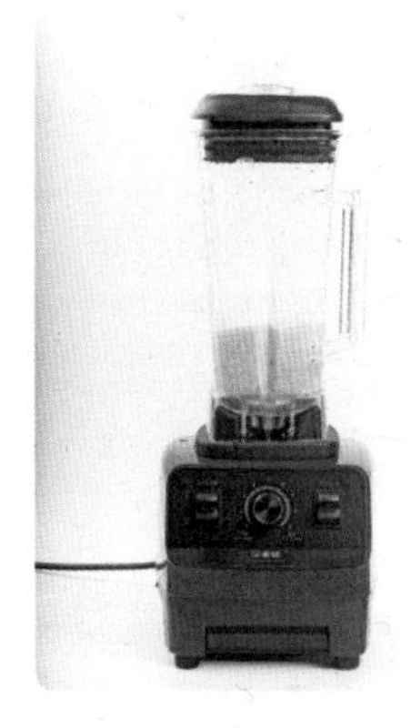

❹将打好的果饮倒入杯中即可。

木瓜牛奶冰沙

材料 木瓜1/2个
牛奶120毫升
冰块适量

做法

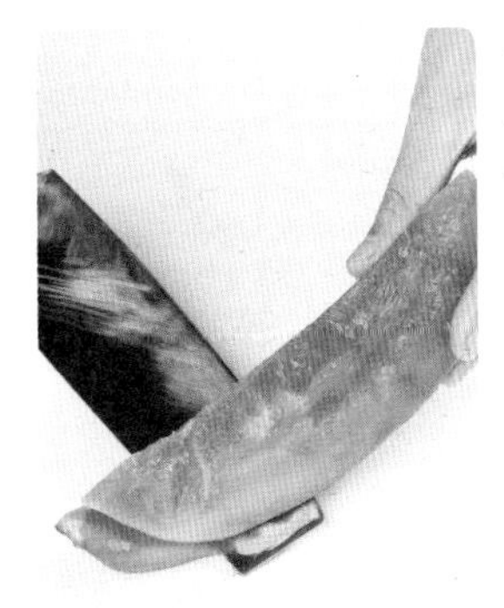

❶将木瓜切半，去皮去子切块。

❷把木瓜倒入冰沙机中，加入牛奶和冰块。

❸按启动键搅打成冰沙。

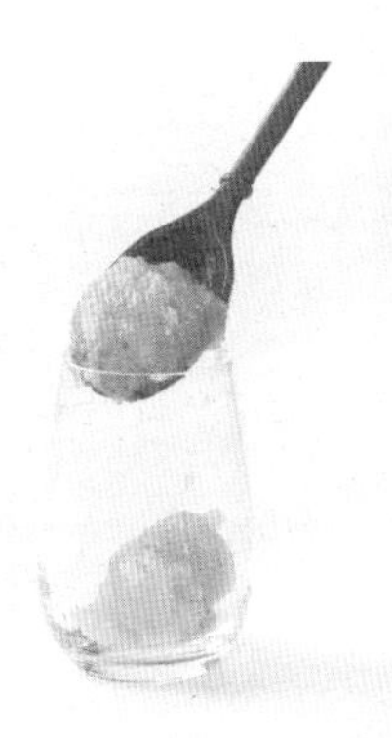

❹将打好的冰沙装入杯中即可。

菠萝

菠萝原产于巴西，
是热带和亚热带地区的著名水果，
在我国主要的栽培地区有广东、海南、广西、台湾、福建、云南等。
菠萝果形美观，汁多味甜，有特殊香味，
深受人们喜爱。

营养功效

菠萝含有一种叫“菠萝蛋白酶”的物质，它能分解蛋白质，溶解阻塞于组织中的纤维蛋白和血凝块，改善局部的血液循环，消除炎症和水肿；菠萝中所含的糖、盐类和酶有利尿作用，适当食用对肾炎、高血压病患者有益。

选购窍门

挑选菠萝要注意色、香、味三方面：果实青绿、坚硬、没有香气的菠萝不够成熟；色泽已经由黄转褐，果身变软，溢出浓香的便是成熟果实。

材料 冷冻菠萝80克
冷冻苹果30克
牛奶80毫升
柠檬汁5毫升

菠萝苹果果饮

做法

❶ 备好榨汁机，倒入备好的冷冻苹果。
❷ 再倒入冷冻菠萝。加入牛奶、柠檬汁。
❸ 打开榨汁机开关，将食材打碎，搅拌均匀，装杯即可。

菠萝甜橙果饮

材料 冷冻菠萝50克
冷冻橙子40克
鲜橙汁20毫升
蓝莓3颗

做法

❶ 备好榨汁机，倒入备好的冷冻菠萝。
❷ 再倒入冷冻橙子，加入鲜橙汁。
❸ 打开榨汁机开关，将食材打碎，搅拌均匀。
❹ 将打好的菠萝甜橙果饮倒入杯中，加入蓝莓、菠萝片装饰即可。

材料 菠萝1个
汽水10毫升
冰块适量

菠萝冰沙

做法

❶ 洗净的菠萝切成块，在淡盐水中浸泡一会儿。
❷ 把菠萝倒入冰沙机中，加入冰块、汽水。
❸ 按下启动键将食材搅打成冰沙。
❹ 将打好的冰沙倒入杯中即可。

材料 菠萝120克
椰奶30毫升
牛奶60毫升
柠檬汁5毫升

椰奶菠萝汁

做法

❶ 将洗净的菠萝切块，在淡盐水中浸泡10分钟。

❷ 将泡好的菠萝块、椰奶、牛奶、柠檬汁倒入榨汁机中，搅拌均匀后倒入玻璃杯中即可。

菠萝朗姆冰沙

材料 菠萝120克
椰汁10毫升
朗姆酒30毫升
冰块适量

做法

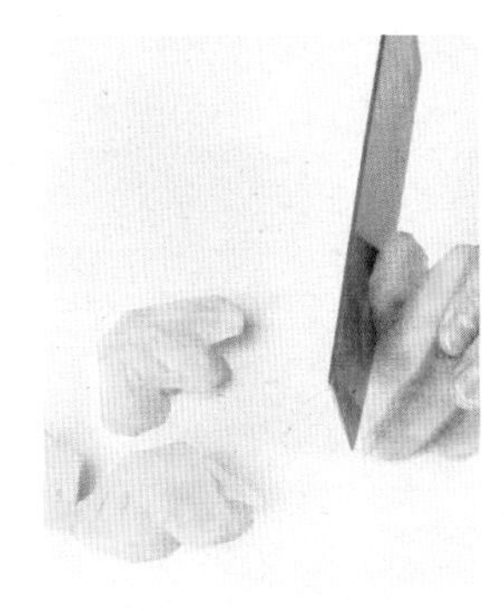

❶ 菠萝去皮，切成块，泡淡盐水。

❷ 把菠萝倒入冰沙机中，再倒入椰汁、朗姆酒。

❸ 倒入冰块，按启动键搅打成冰沙。

❹ 将打好的冰沙装入杯中即可。

葡萄

葡萄品种很多，根据其原产地不同，
分为东方品种群及欧州品种群。
我国栽培历史久远的“龙眼”“无核白”“牛奶”“黑鸡心”等，
均属于东方品种群；
“玫瑰香”“加里娘”等属于欧洲品种群。

营养功效

葡萄中含有较多的酒石酸，有助于消化。葡萄中所含天然聚合苯酚，能与细菌及病毒中的蛋白质化合，使之失去传染疾病能力，对于脊髓灰白质病毒及其他一些病毒有杀灭作用。

选购窍门

新鲜的葡萄表面有一层白色的霜，用手一碰就会掉，所以没有白霜的葡萄可能是被挑拣剩下的。品质好的葡萄，果浆多而浓，味甜，有香气。

材料 冷冻葡萄120克
冷冻蓝莓30克
牛奶40毫升
酸奶40毫升
柠檬汁5毫升

葡萄蓝莓奶昔

做法

1. 备好榨汁机，倒入备好的冷冻蓝莓。
2. 再倒入冷冻葡萄，加入牛奶、酸奶、柠檬汁。
3. 打开榨汁机开关，将食材打碎，搅拌均匀。
4. 将打好的葡萄蓝莓汁倒入杯中，点缀上蓝莓即可。

材料 葡萄70克
苹果40克
牛奶50毫升
酸奶40毫升
柠檬汁5毫升

葡萄苹果奶昔

做法

1. 将葡萄洗净，去皮，去子。
2. 将葡萄、苹果、牛奶、酸奶、柠檬汁倒入榨汁机中，搅拌均匀后倒入玻璃杯中，点缀上葡萄果肉即可。

葡萄冰沙

材料 葡萄100克
汽水10毫升
糖水5毫升
冰块适量

做法

❶ 洗净的葡萄对半切开，去子。
❷ 把葡萄倒入冰沙机中，加入冰块、汽水、糖水。
❸ 按下启动键将食材搅打成冰沙。
❹ 将打好的冰沙倒入杯中即可。

材料 葡萄100克
蔓越莓10克
香槟10毫升
糖水5毫升
冰块适量

葡萄香槟冰沙

做法

❶ 洗净的葡萄去皮，切开，去子。
❷ 把葡萄倒入冰沙机中，加入香槟、糖水。
❸ 倒入冰块，按启动键搅打成冰沙。
❹ 将打好的冰沙装入杯中，点缀上蔓越莓即可。

材料 葡萄100克
柠檬20克
蜂蜜10毫升
冰块适量

葡萄柠檬冰沙

做法

1. 将葡萄洗净，切开，去皮，去子；将柠檬去皮，去子。
2. 备好冰沙机，倒入葡萄、柠檬、蜂蜜和冰块。
3. 打开启动开关，选择转速为“3”，配合搅拌棒搅打成冰沙。
4. 取刨冰机，放入冰块刨成细小冰颗粒；将冰沙倒入杯中，再倒入适量细小冰颗粒，装饰上串有葡萄和柠檬皮的牙签即可。

葡萄哈密瓜牛奶冰沙

材料 哈密瓜1个
葡萄100克
牛奶30毫升
冰块适量

做法

1. 洗净的哈密瓜去子，去皮，切成块。
2. 洗净的葡萄去皮，对半切开，去子。
3. 把哈密瓜、葡萄、牛奶倒入冰沙机中，再倒入冰块，按启动键搅打成冰沙，将打好的冰沙装入杯中，用葡萄点缀即可。

橙子

橙子富含具有美容功效的维生素 C 和胡萝卜素，
气味清香、口感酸甜，
呈鲜艳的橘红色，
是一种能给人带来活力的健康水果。
除了直接食用外，
橙子还能用于调制各种思慕雪。

营养功效

橙子含有大量的维生素C和胡萝卜素，可以抑制致癌物质的形成，还能软化和保护血管，促进血液循环，降低胆固醇和血脂。

选购窍门

应选择果蒂小的，皮捏起来有弹性的，颜色红的橙子，这样橙子更加好吃。

蓝莓橙汁

材料 冷冻橙子90克
冷冻蓝莓30克
牛奶50毫升
酸奶60毫升
柠檬汁5毫升

做法

❶备好榨汁机，倒入备好的冷冻蓝莓。

❷再倒入冷冻橙子。

❸加入牛奶、酸奶、柠檬汁。

❹打开榨汁机开关，将食材打碎，搅拌均匀，装杯即可。

猕猴桃橙汁

材料 冷冻橙子60克
冷冻猕猴桃40克
牛奶80毫升
柠檬汁5毫升
新鲜猕猴桃适量

做法

❶ 将所有材料倒入榨汁机中，搅拌均匀后倒入玻璃杯中。

❷ 将新鲜猕猴桃切成半月形后贴在杯子内壁加以点缀。

材料 冷冻橙子80克
冷冻香蕉50克
冷冻芒果50克
牛奶30毫升
酸奶30毫升

香蕉橙子芒果奶昔

做法

❶ 备好榨汁机，倒入冷冻橙子、冷冻香蕉、冷冻芒果。

❷ 加入牛奶、酸奶。打开榨汁机开关，将食材打碎，搅拌均匀。

❸ 将打好的果饮倒入杯中即可。

材料 冷冻橙子80克
柠檬汁冰块5块
生姜汁10毫升
牛奶30毫升
酸奶50毫升

橙子柠檬生姜果饮

做法

❶ 备好榨汁机，倒入冷冻橙子，加入柠檬汁冰块。
❷ 加入生姜汁、牛奶和酸奶。打开榨汁机开关，将食材打碎，搅拌均匀。
❸ 将打好的果饮倒入杯中即可。

橙子冰沙

材料 橙子1个
冰块适量

做法

❶ 洗净的橙子去皮，切成块。

❷ 把橙子倒入冰沙机中，再倒入冰块。

❸ 按下启动键将食材搅打成冰沙。

❹ 将打好的冰沙倒入杯中，点缀上一片橙子即可。

红酒橙子冰沙

材料 橙子1个
红酒30毫升
糖5克
冰块适量

做法

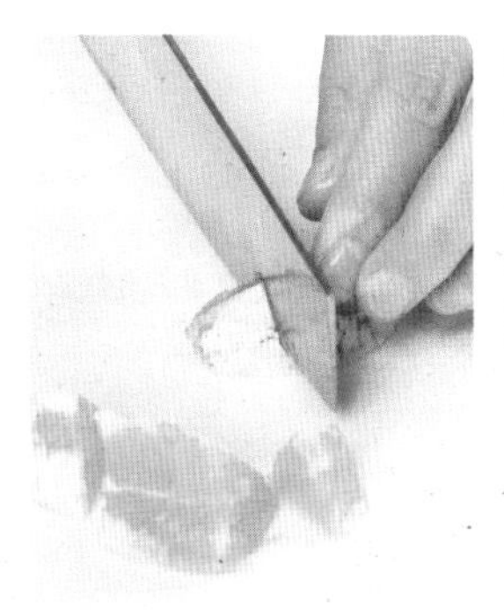

❶ 橙子去皮，切成丁；把糖倒入碗中，加入少许水，溶解片刻。

❷ 把橙子、红酒、糖水倒入冰沙机中。

❸ 再加入冰块，按启动键搅打成冰沙。

❹ 将打好的冰沙装入杯中，点缀上橙子丁即可。

蓝莓

蓝莓果实色泽靓丽，果肉细腻，
种子极小，可完全食用，
具有清淡芳香。
蓝莓果实除可供鲜食外，还有极强的药用价值及营养保健功能，
国际粮农组织现将其列为人类五大健康食品之一。

营养功效

蓝莓的果胶含量很高，能有效降低胆固醇，防止动脉粥样硬化，促进心血管健康。此外，蓝莓所含的花青苷色素，具有活化视网膜的功效，可以保护视力，缓解眼疲劳。

选购窍门

成熟的蓝莓表皮为深紫色或蓝黑色，覆有白霜。好的蓝莓果实结实，如果捏起来很软，还有汁液渗出，说明已经熟过了；如果果肉干瘪、表皮起皱，说明存放过久，水分已严重流失，不宜选购。

材料 冷冻蓝莓50克
冷冻橙子80克
冷冻香蕉80克
牛奶50毫升
酸奶30毫升
柠檬汁5毫升
薄荷叶少许

蓝莓橙子香蕉奶昔

做法

1. 备好榨汁机，倒入冷冻蓝莓、橙子、香蕉。
2. 加入牛奶、酸奶、柠檬汁。
3. 打开榨汁机开关，将食材打碎，搅拌均匀。
4. 将打好的果饮倒入杯中，点缀上薄荷叶装饰好即可。

蓝莓猕猴桃香蕉果饮

材料 冷冻蓝莓80克
冷冻猕猴桃50克
冷冻香蕉50克
酸奶30毫升

做法

1. 将所有的冷冻水果与酸奶倒入榨汁机中。
2. 搅拌均匀后倒入玻璃杯中，点缀上几颗蓝莓即可。

材料 冷冻蓝莓30克
冷冻香蕉100克
杏仁20克
牛奶30毫升
酸奶50毫升

蓝莓香蕉杏仁果饮

做法

❶ 备好榨汁机，倒入冷冻蓝莓、香蕉和杏仁。
❷ 加入牛奶、酸奶。
❸ 打开榨汁机开关，将食材打碎，搅拌均匀。
❹ 将打好的果饮倒入杯中即可。

材料 蓝莓120克
冰块适量

蓝莓冰沙

做法

❶ 洗净的蓝莓，切成粒。
❷ 把蓝莓倒入冰沙机中，再倒入冰块。
❸ 按下启动键将食材搅打成冰沙。
❹ 将打好的冰沙倒入杯中，最后点缀上几粒蓝莓即可。

苹果

苹果是一种低热量食物，每 100 克只产生 250 千焦热量。
苹果中营养成分可溶性大，
易被人体吸收，故有“活水”之称，
其有利于溶解硫元素，使皮肤润滑柔嫩。

营养功效

苹果含有丰富的膳食纤维和钾元素，有助于消化。如果感觉肠胃不适，生病初愈或没有胃口时，建议多食用苹果。

选购窍门

首先要看果梗的凹槽深不深，越深苹果越甜；再看苹果是否有果点，有果点说明是正常发育的苹果；最后看苹果的果线是否均匀，均匀的话光照充分并且适宜。

材料 冷冻苹果80克
冷冻香蕉80克
燕麦20克
酸奶50毫升
薄荷叶少许

苹果香蕉燕麦果饮

做法

❶ 备好榨汁机，倒入冷冻苹果、香蕉。
❷ 再倒入燕麦，加入酸奶。
❸ 打开榨汁机开关，将食材打碎，搅拌均匀。
❹ 将打好的果饮倒入杯中，点缀上燕麦和薄荷叶即可。

苹果香蕉肉桂果饮

材料 冷冻苹果80克
冷冻香蕉40克
牛奶40毫升
酸奶40毫升
肉桂粉少许

做法

❶ 备好榨汁机，倒入备好的冷冻苹果。

❷ 再倒入冷冻香蕉。

❸ 加入牛奶、酸奶和肉桂粉。

❹ 打开榨汁机开关，将食材打碎，搅拌均匀，装入杯中即可。

材料 苹果100克
鲜橙汁20毫升

苹果鲜橙果饮

做法

❶ 将所有材料倒入榨汁机中。

❷ 搅拌均匀后倒入玻璃杯中，放上切好的苹果块装饰即可。

苹果冰沙

材料 苹果1个
汽水10毫升
冰块适量

做法

❶ 洗净的苹果去皮，切成块。
❷ 把苹果、汽水倒入冰沙机中，再倒入冰块，按下启动键将食材搅打成冰沙。
❸ 将打好的冰沙倒入杯中，最后点缀上苹果块即可。

苹果肉桂奶酪冰沙

材料 苹果1个
肉桂粉8克
奶酪10克
冰块适量

做法

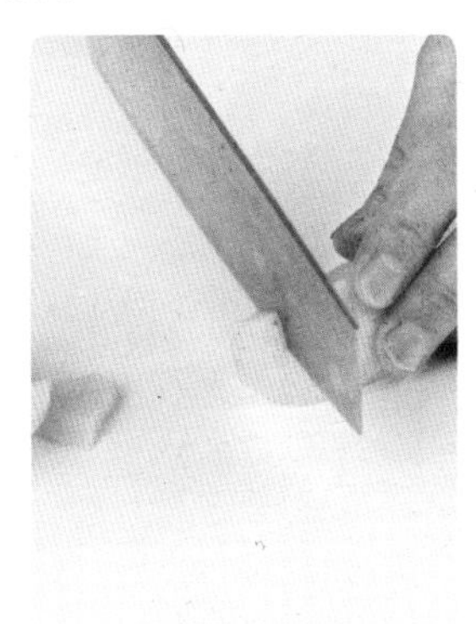

❶洗净的苹果去皮、核，切成块。

❷把苹果倒入冰沙机中，放入奶酪、肉桂粉。

❸倒入冰块，按启动键搅打成冰沙。

❹将打好的冰沙装入杯中即可。

葡萄柚

葡萄柚含有丰富的营养成分，
是集预防疾病及保健美容功效于一身的水果。
其果肉柔嫩，多汁爽口，略有香气，
味偏酸、带苦味及麻舌味。
其果汁略有苦味，但口感舒适，
全世界的葡萄柚约有一半被加工成果汁。

营养功效

葡萄柚能够滋养组织细胞，增加体力，舒缓支气管炎，其所含的苦味物质柚苷有助于加速脂肪的分解。

选购窍门

挑选葡萄柚时，首先要选相对较重的，重则代表水分多；其次要注意柚皮触摸起来柔软而富有弹性，这表示肉多皮薄。

葡萄柚奶昔

材料 葡萄柚120克
牛奶50毫升
酸奶30毫升
柠檬汁5毫升

做法

❶ 将所有材料倒入榨汁机中。

❷ 搅拌均匀后倒入玻璃杯中即可。

材料 冷冻葡萄柚70克
冷冻香蕉40克
牛奶80毫升
柠檬汁5毫升

葡萄柚香蕉奶昔

做法

❶ 备好榨汁机，倒入备好的冷冻葡萄柚。再倒入冷冻香蕉。

❷ 加入牛奶、柠檬汁。

❸ 打开榨汁机开关，将食材打碎，搅拌均匀，装杯，点缀上果肉即可。

材料 冷冻葡萄柚50克
冷冻草莓100克
椰奶30毫升
酸奶50毫升
熟亚麻籽少许
薄荷叶少许

葡萄柚草莓椰奶果饮

做法

1. 备好榨汁机，倒入冷冻葡萄柚、冷冻草莓。
2. 再加入椰奶、酸奶。
3. 打开榨汁机开关，将食材打碎，搅拌均匀。
4. 将打好的果饮倒入杯中，点缀上熟亚麻籽和薄荷叶即可。

葡萄柚柠檬冰沙

材料 葡萄柚1个
柠檬20克
蜂蜜10毫升
冰块、薄荷叶各适量

做法

1. 将葡萄柚切开，去皮，切成小块；将柠檬去皮，去子，切小块。
2. 备好冰沙机，倒入葡萄柚、柠檬，再加入蜂蜜、冰块。
3. 打开启动开关，选择转速为“2”，配合搅拌棒搅打成冰沙。
4. 将冰沙倒入杯中，加入两块冰块，再用柠檬皮、葡萄柚片、薄荷叶点缀即可。

沙梨

沙梨果皮色泽多数为褐色或绿色，
果点较大，一般无蒂，果梗较长，果肉白，水分多，
肉质较细嫩且脆，石细胞少，
味甜爽口。

营养功效

沙梨含有丰富的膳食纤维，具有缓解便秘的功效。同时，还富含因流汗而容易流失的钾元素，有助于改善疲劳的天冬氨酸，以及促进蛋白质分解的酵素等物质，是预防夏季疲乏的最佳水果。

选购窍门

挑选沙梨时要先看外皮，如果外皮很厚，则不建议挑选，因为皮厚的梨可能不脆，口感会受影响。另外，皮厚的梨削起来，也有一定的难度，所以建议挑皮薄的。

材料 冷冻沙梨100克
鲜橙汁100毫升

沙梨鲜橙果饮

做法

❶ 备好榨汁机，倒入备好的冷冻沙梨，再倒入鲜橙汁。
❷ 打开榨汁机开关，将食材打碎，搅拌均匀。
❸ 将打好的沙梨鲜橙果饮倒入杯中装饰好即可。

材料 冷冻沙梨90克
冷冻芒果30克
牛奶40毫升
酸奶40毫升
柠檬汁5毫升

沙梨芒果汁

做法

1. 将所有材料倒入榨汁机中。
2. 搅拌均匀后倒入玻璃杯中，装饰上切好的沙梨片即可。

沙梨苹果果饮

材料 冷冻沙梨80克
冷冻苹果30克
牛奶50毫升
酸奶30毫升
柠檬汁5毫升

做法

❶备好榨汁机，倒入备好的冷冻苹果。

❷再倒入冷冻沙梨。

❸加入牛奶、酸奶、柠檬汁。

❹打开榨汁机开关，将食材打碎，搅拌均匀，装杯即可。

蜜橘

蜜橘不仅营养丰富，而且色彩艳丽，香气浓烈，
酸甜适度，令人闻则思念，望则垂涎，食则甘美。
南丰蜜橘为我国古老柑橘的优良品种之一，
早在两千多年以前南丰蜜橘就已列为“贡品”。

营养功效

蜜橘含有非常丰富的维生素C，具有预防感冒和美容的功效。同时还富含有助于缓解疲劳的柠檬酸，以及强化血管的维生素P。冷冻时保留橘络，制成果饮饮用，可以帮助人体摄取丰富的膳食纤维。

选购窍门

看橘皮表皮：表皮粗糙、有大颗粒的，皮都比较厚，压秤还不甜；表皮平滑的，一般橘皮不厚，而且都比较甜。

看弹性：软的，并且尚有韧性，橘子较好吃；太硬太软的，不是没熟就是熟过头了。

材料 冷冻蜜橘60克
冷冻苹果60克
牛奶50毫升
酸奶30毫升
柠檬汁5毫升

蜜橘苹果汁

做法

❶ 备好榨汁机，倒入备好的冷冻蜜橘。
❷ 再倒入冷冻苹果。
❸ 加入牛奶、酸奶、柠檬汁。
❹ 打开榨汁机开关，将食材打碎，搅拌均匀，装杯，装饰好即可。

材料 冷冻蜜橘120克
牛奶50毫升
酸奶30毫升
柠檬汁5毫升

蜜橘橙子汁

做法

❶ 将所有材料倒入榨汁机中。
❷ 搅拌均匀后倒入玻璃杯中即可。

柠檬

一说到维生素 C，很多人首先会想到柠檬。
如果制成果饮，仅一杯就能摄取人体一天所需的分量。
使用牛奶或酸奶就能中和酸味，
喝起来酸度适中，口感温润。

营养功效

柠檬能生津解暑开胃，预防心血管疾病。其富含的维生素C，具有抗菌消炎、增强人体免疫力等多种功效。柠檬还能促进肌肤新陈代谢、延缓衰老及抑制色素沉着。

选购窍门

优质柠檬个头中等，果形椭圆，两端均突起而稍尖，似橄榄球状。成熟者皮色鲜黄、光滑，色泽均匀，具有浓郁的香气。

柠檬酸奶美白果饮

材料 柠檬汁冰块5块
冷冻香蕉50克
牛奶30毫升
酸奶50毫升

做法

❶备好榨汁机，倒入备好的冷冻香蕉。

❷再倒入柠檬冰块。

❸加入备好的牛奶、酸奶。

❹打开榨汁机开关，将食材打碎，搅拌均匀，装杯，装饰好即可。

柠檬猕猴桃果饮

材料 柠檬汁冰块3块
猕猴桃80克
牛奶60毫升
酸奶40毫升

做法

❶ 将所有材料倒入榨汁机中。

❷ 搅拌均匀后倒入玻璃杯中，在杯子内壁贴一片猕猴桃果肉薄片加以装饰即可。

柠檬红茶冰沙

材料 柠檬1个
红茶30毫升
汽水20毫升
蜂蜜10毫升
冰块适量

做法

❶ 洗净的柠檬对半切开，榨取柠檬汁。
❷ 把柠檬汁、红茶、汽水、蜂蜜倒入冰沙机内，再倒入冰块。
❸ 按启动键搅打成冰沙，将打好的冰沙装入杯中即可。

材料 青柠2个
起泡酒适量
蜂蜜适量
冰块适量
薄荷叶适量

蜂蜜柠檬起泡酒冰沙

做法

1. 青柠洗净，去子，切成片，备用。
2. 取冰沙机，放入青柠片、冰块，再倒入起泡酒。
3. 按下开关，启动机器，将食材打成冰沙。
4. 将打好的冰沙倒入杯中，调入适量蜂蜜，点缀上青柠片和薄荷叶即可。

柠檬蜂蜜冰沙

材料 柠檬1个
白葡萄酒20毫升
蜂蜜10毫升
冰块适量

做法

❶ 洗净的柠檬切成片。
❷ 锅中倒入白葡萄酒、柠檬片，煮沸，冷却待用。
❸ 将冷却后的液体倒入冰沙机中，再倒入冰块、蜂蜜。
❹ 按启动键搅打成冰沙，装入杯中即可。

健康蔬果思慕雪与冰沙

Chapter 4

黄瓜

黄瓜也称青瓜，属葫芦科植物，
在我国各地均有栽培，
且多数地区均为温室或塑料大棚栽培。
黄瓜为各地夏季进食的主要蔬菜，
具有生津止渴、除烦解暑的功效。

营养功效

黄瓜中含有的维生素C，具有提高人体免疫功能的作用。黄瓜中所含的葡萄糖苷、果糖等不参与通常的糖代谢，故糖尿病患者以黄瓜代替淀粉类食物充饥，血糖非但不会升高，甚至会降低。

选购窍门

挑选黄瓜时，应选择条直、粗细均匀的。一般来说，带刺、挂白霜的瓜为新摘的鲜瓜；瓜鲜绿、有纵棱的是嫩瓜；瓜条肚大、尖头、细脖的畸形瓜，是发育不良或存放时间较长变老所致。

材料 黄瓜20克
冷冻菠萝90克
冷冻香蕉30克
牛奶80毫升
柠檬汁5毫升

菠萝香蕉黄瓜果饮

做法

1. 备好榨汁机，倒入备好的黄瓜。
2. 再倒入冷冻菠萝、冷冻香蕉。
3. 加入牛奶、柠檬汁。
4. 打开榨汁机开关，将食材打碎，搅拌均匀，装杯，点缀上果肉即可。

材料 黄瓜20克
哈密瓜120克
牛奶50毫升
柠檬汁5毫升

哈密瓜黄瓜汁

做法

1. 将所有材料倒入榨汁机中。
2. 搅拌均匀后倒入玻璃杯中即可。

材料 黄瓜1根
汽水10毫升
冰块适量

黄瓜冰沙

做法

1. 洗净的黄瓜切成块。
2. 把黄瓜倒入冰沙机中，加入冰块、汽水。
3. 按下启动键将食材搅打成冰沙。
4. 将打好的冰沙倒入杯中，点缀上黄瓜丁即可。

黄瓜芒果冰沙

材料 黄瓜120克
芒果1个
冰块适量

做法

❶ 洗净的黄瓜切成块；洗净的芒果切成丁。
❷ 把芒果、黄瓜倒入冰沙机中，再倒入冰块，按启动键搅打成冰沙。
❸ 将打好的冰沙装入杯中即可。

材料 黄瓜1根
柠檬1个
冰块适量

黄瓜柠檬冰沙

做法

❶ 洗净的黄瓜去蒂，切成片；洗净的柠檬取出果肉，果皮切成丝。
❷ 把黄瓜、柠檬倒入冰沙机中。
❸ 再倒入冰块，按启动键搅打成冰沙。
❹ 将打好的冰沙装入杯中即可。

紫薯黄瓜冰沙

材料 紫薯1个
黄瓜1根
酸奶50毫升
冰块适量

做法

❶ 洗净的紫薯去皮，切成块，放入锅中加适量清水煮熟后捞出放凉备用；洗净的黄瓜切成片。
❷ 把紫薯块、黄瓜片、酸奶倒入冰沙机中。
❸ 再倒入冰块，按启动键搅打成冰沙。
❹ 将打好的冰沙装入杯中即可。

胡萝卜

胡萝卜原产于地中海沿岸，我国栽培甚为普遍，
以山东、河南、浙江、云南等省种植最多，
品质亦佳，秋冬季节上市。
胡萝卜供食用的部分是肥嫩的肉质直根。

营养功效

胡萝卜中的胡萝卜素在人体内转变成维生素A，有助于增强机体的免疫功能，在预防上皮细胞癌变的过程中具有重要作用。胡萝卜中的木质素也能提高机体免疫功能，间接消灭癌细胞。

选购窍门

选购胡萝卜的时候，以形状规整，表面光滑，且心柱细的为佳，不要选表皮开裂的。新鲜的胡萝卜手感较硬，手感柔软的说明放置时间过久，水分流失严重，这样的胡萝卜不建议购买。

胡萝卜橙子菠萝蔬果汁

材料 胡萝卜30克
冷冻橙子50克
冷冻菠萝60克
酸奶30毫升
柠檬汁5毫升
薄荷叶少许

做法

❶备好榨汁机，倒入备好的胡萝卜。

❷再倒入冷冻橙子、冷冻菠萝，加入酸奶、柠檬汁。

❸打开榨汁机开关，将食材打碎，搅拌均匀。

❹将打好的胡萝卜橙子菠萝蔬果汁倒入杯中，用薄荷叶装饰即可。

胡萝卜菠萝果饮

材料 胡萝卜30克

菠萝110克

酸奶30毫升

柠檬汁5毫升

做法

将所有材料倒入榨汁机中，搅拌均匀后倒入玻璃杯中，放上切好的菠萝装饰即可。

材料 胡萝卜1根
糖水5毫升
冰块适量
葡萄半颗

胡萝卜冰沙

做法

❶ 洗净的胡萝卜去蒂，切成块。
❷ 把胡萝卜倒入冰沙机中，再加入冰块、糖水。
❸ 按下启动键将食材搅打成冰沙。
❹ 将打好的冰沙倒入杯中用葡萄点缀即可。

西红柿

西红柿外形美观，色泽鲜艳，汁多肉厚，酸甜可口，
既是蔬菜，又可作为果品食用，
可以生食、煮食，加工制成番茄酱、番茄汁或整果罐藏。

营养功效

西红柿所含维生素A、维生素C，可预防白内障，对夜盲症有一定防治效果；所含番茄红素具有抑制脂质过氧化的作用，能防止自由基的破坏，抑制视网膜黄斑变性，保护视力。

选购窍门

西红柿一般以果形周正，无裂口与虫咬，圆润，丰满，肉肥厚，心室小者为佳，不仅口味好，而且营养价值高。质量较好的西红柿手感沉重，如若是个大而轻的则说明是中空的西红柿，不宜购买。

材料 西红柿40克
冷冻橙子50克
冷冻芒果20克
酸奶30毫升
柠檬汁5毫升

橙子芒果西红柿汁

做法

❶ 备好榨汁机，倒入备好的西红柿。再倒入冷冻橙子、冷冻芒果。

❷ 加入酸奶、柠檬汁。

❸ 打开榨汁机开关，将食材打碎，搅拌均匀，装杯，装饰即可。

草莓西红柿果饮

材料 西红柿80克
草莓30克
牛奶40毫升
酸奶40毫升
柠檬汁5毫升

做法

❶ 将所有材料倒入榨汁机中。

❷ 搅拌均匀后倒入玻璃杯中即可。

圆白菜

圆白菜也叫包菜、洋白菜或卷心菜，
在西方是最为重要的蔬菜之一。
它和大白菜一样产量高、耐储藏，
是四季的佳蔬。

营养功效

圆白菜富含维生素C、维生素E和胡萝卜素等，具有很好的抗氧化及抗衰老作用。此外，其富含的维生素U对溃疡有很好的治疗作用，能加速愈合，还能预防胃溃疡恶变。

选购窍门

一般来说，选购圆白菜时应挑选叶球坚硬紧实的，松软的表示包心不紧，不宜购买。

圆白菜猕猴桃苹果汁

材料 圆白菜20克
冷冻苹果50克
冷冻猕猴桃50克
牛奶50毫升
酸奶40毫升
柠檬汁5毫升

做法

❶ 备好榨汁机，倒入备好的冷冻猕猴桃。
❷ 再倒入冷冻苹果和圆白菜，加入牛奶、酸奶、柠檬汁。
❸ 打开榨汁机开关，将食材打碎，搅拌均匀。
❹ 将打好的圆白菜猕猴桃苹果汁倒入杯中，装饰即可。

圆白菜橙子果饮

材料 圆白菜20克
橙子110克
鲜橙汁50毫升
薄荷叶少许

做法

❶ 将除薄荷叶外的所有材料倒入榨汁机中。
❷ 搅拌均匀后倒入玻璃杯中，用薄荷叶装饰好即可。

小油菜

小油菜是十字花科植物油菜的嫩茎叶，
原产于我国，颜色深绿，帮如白菜，属十字花科白菜的变种。
南北广为栽培，四季均有供产。
小油菜的营养成分丰富，食疗价值高，
可称得上是诸种蔬菜中的佼佼者。

营养功效

小油菜中含有大量的植物纤维，能促进肠道蠕动，增加粪便的体积，缩短粪便在肠道内停留的时间，有助于治疗多种便秘，预防肠道肿瘤。小油菜还含有大量胡萝卜素和维生素C，有助于增强机体免疫能力。

选购窍门

挑选小油菜时应先看叶子的长短，叶子长的叫作长萁，叶子短的叫作矮萁。矮萁的品质较好，口感软糯；长萁的品质较差，纤维多，口感不好。叶色淡绿的叫作“白叶”，叶色深绿的叫作“黑叶”。白叶的质量好。

小油菜牛油果果饮

材料 小油菜30克
冷冻香蕉50克
冷冻牛油果50克
酸奶50毫升
柠檬汁5毫升

做法

❶备好榨汁机，倒入备好的小油菜。

❷再倒入冷冻香蕉、冷冻牛油果。

❸加入酸奶、柠檬汁。

❹打开榨汁机开关，将食材打碎，搅拌均匀，装杯即可。

材料 小油菜20克
菠萝110克
牛奶90毫升
柠檬汁5毫升

小油菜菠萝汁

做法

❶ 将所有材料倒入榨汁机中。

❷ 搅拌均匀后倒入玻璃杯中，放上切好的菠萝装饰即可。

小油菜雪梨冰沙

材料 雪梨1个
小油菜60克
冰块适量

做法

1. 洗净的雪梨去皮，去子，切成块。
2. 洗净的小油菜放入沸水中焯水片刻，捞出，放入冷水中。
3. 把雪梨、小油菜倒入冰沙机中，再倒入冰块。
4. 按启动键搅打成冰沙，装入杯中即可。

红甜椒

红甜椒又称之为灯笼椒，
原产地在南美洲的秘鲁和中美洲的墨西哥一带。
为一年生茄科植物，
可生食或熟食，含有丰富的维生素 C。

营养功效

红甜椒富含维生素C，能帮助肝脏解毒，清理身体内长期淤积的毒素，增进身体健康。同时能增加免疫细胞的活性，消除体内的有害物质。

选购窍门

首先要看甜椒是否新鲜，新鲜的甜椒颜色是发亮的，看起来非常有光泽。其次还要看甜椒表面是否有皱褶，如果甜椒表面有皱褶，说明甜椒有可能放置时间过长，甜椒的水分有可能丢失了。

材料 红甜椒20克
冷冻橙子80克
冷冻香蕉30克
牛奶50毫升
酸奶30毫升
柠檬汁5毫升

橙子香蕉红甜椒汁

做法

❶ 备好榨汁机，倒入备好的红甜椒。
❷ 再倒入冷冻香蕉、冷冻橙子。
❸ 加入牛奶、酸奶、柠檬汁。
❹ 打开榨汁机开关，将食材打碎，搅拌均匀，装杯，装饰好即可。

材料 红甜椒20克
菠萝110克
牛奶80毫升
柠檬汁5毫升

红甜椒菠萝蔬果汁

做法

❶ 将所有材料倒入榨汁机中。
❷ 搅拌均匀后倒入玻璃杯中即可。

南瓜

鲜嫩的南瓜味甘适口，
是夏秋季节广受欢迎的瓜菜之一。
偏老的南瓜可作饲料或杂粮，
所以有很多地方又称为饭瓜。
南瓜果肉可以做菜肴和甜点，
南瓜子可以做零食。

营养功效

南瓜含有丰富的胡萝卜素和维生素C，有健脾，预防胃炎，防治夜盲症，护肝，使皮肤变得细嫩等功效。南瓜中含有丰富的微量元素锌，锌是人体生长发育的重要物质，还可以促进造血功能。

选购窍门

选购南瓜时以新鲜、外皮红色的为主。如果表面出现黑点，代表内部品质有问题，不宜购买。同时，掂掂南瓜的重量，同样体积大小的南瓜，要挑选较为重的为佳。

材料 南瓜50克
冷冻橙子60克
冷冻苹果40克
酸奶80毫升
柠檬汁5毫升

南瓜橙子果饮

做法

1. 将切好的南瓜装碗，放入微波炉，加热至熟软，取出，待用。
2. 备好榨汁机，倒入南瓜、冷冻橙子、冷冻苹果，加入酸奶、柠檬汁。
3. 打开榨汁机开关，将食材打碎，搅拌均匀。
4. 将打好的橙子果饮倒入杯中即可。

南瓜香蕉汁

材料 南瓜50克
香蕉120克
酸奶30毫升

做法

❶ 将所有材料倒入榨汁机中。
❷ 搅拌均匀后倒入玻璃杯中即可。

材料 南瓜120克
冰块适量
牛油果丁少许

南瓜冰沙

做法

❶ 洗净的南瓜去皮，切成块。
❷ 将南瓜放入微波炉，加热5分钟至熟软，取出，压成泥，放凉待用。
❸ 把南瓜泥倒入冰沙机中，加入冰块，按下启动键将食材搅打成冰沙。
❹ 将打好的冰沙倒入杯中，点缀上牛油果丁即可。